CYCLES
A. Mollière Fils
Fabricant Mécanicien
2, Quai de l'Hôpital ❧ LYON

Conditions générales

Tous nos prix marqués sont nets, au comptant, sans escompte.

Facilité de paiement est faite, sur bonnes références, moyennant 10 %, de plus-value.

Nos Machines sont soigneusement vérifiées et complétées, elles sont expédiées dans des paniers spéciaux, que nous mettons gratuitement à la disposition de nos Clients, qui doivent nous les retourner franco et de suite.

Les marchandises voyagent aux frais, risques et périls des destinataires, qui en font la vérification à l'arrivée, les Compagnies de transports étant responsables des avaries survenues en cours de route.

L'emballage dans un harasse spécial est de 5 francs.

Modèles 1902

La Maison **A. MOLLIÈRE Fils,** soucieuse de mériter son renom de **Maison de Confiance** a apporté tous ses soins à la construction et à l'amélioration de ses nouveaux modèles.

La **Solidité absolue** obtenue par le choix judicieux des pièces servant à la fabrication, de même que les précautions prises pour l'assemblage et le montage, assurent à toutes nos machines cette qualité **essentielle** qui permet de les garantir sincèrement.

Nos Pneumatiques par les soins apportés au façonnage et par l'emploi de matières de qualité extra peuvent résister aux plus grandes fatigues.

Nous comptons notre Enveloppe nᵛ 1 sur bracelets, fil biais redoublé en toile tissée . . . .   **20** fr.

Notre Enveloppe n° 2, sur triple toile tissée. . . . . **16** fr.

Nos Chambres à air extra **pur Para** avec valve sur empiècement . . . . **8** fr.

Roues libres

Les **Roues libres** ont pris une large place dans la vélocipédie, et les services qu'elles rendent, sont l'objet de la faveur que leur accordent les Cyclistes.

Il y a trois sortes de roues libres :

1° La **Roue libre simple** ;

2° La **Roue libre avec frein intérieur** ;

3° La **Roue libre facultative** ;

La **Roue libre simple** est montée gratuitement sur nos modèles n° 3, un frein de jante à l'avant la complète.

La **Roue libre avec frein intérieur** est celle qui a le plus de succès, et le moyeu **Morrow** en a largement profité en 1901.

Un nouveau moyeu, le **Spencer**, vient s'imposer par sa supériorité et prendre la première place.

Routier extra, n° 3, Net 200 francs

Avec Roue libre simple et frein de jante avant

Transparent Rouge.

COMPOSITION

CADRE tubes acier sans soudure.
HAUTEUR 55, 60, 65 cent.
ARRIÈRE central.
MANIVELLES triangulaires extensibles.
PIGNON pétales luxe 27 à 32 dents.
ROUES égales de 70 c/m.
JANTES acier Weestvood.
PNEUMATIQUES A. MOLLIÈRE nᵒ 2.
SELLE ressort 4 fils.
SACOCHE garnie forme trapèze.
GUIDON toutes formes.
CHAINE double rouleaux.
MOYEUX bracelets bain d'huile.
PÉDALES Américaines.
RAYONS tangents nickelés.
FOURCHE ronde.
MULTIPLICATION 5 à 8 mètres.

Poids : 12 kilos.

En effet, les bagues intérieures de transmission, qui traînent en frottement lisse dans le Morrow, au détriment de la douceur de la machine, sont supprimées.

Le **Spencer** a trois roulements de billes, les deux roulements des extrémités tournent à la marche normale, comme au moyeu ordinaire sans aucune autre friction; et dans le cas de la roue libre, le troisième roulement remplace celui qui devient immobile, par suite de l'inaction du pignon, et tourne également comme au moyeu ordinaire sans aucune autre friction.

Enfin, le frein est tout métallique et produit son effet par l'écartement d'une bague en trois sections qui appuie énergiquement à l'intérieur d'un anneau en laiton. Le serrage et le desserrage sont d'une grande douceur.

Nous comptons le moyeu **Spencer** placé . . . . **40** fr.

—   —   —   **Morrow** placé . . . . **40** fr.

La **Roue libre facultative** est peu employée.

Freins

Les freins, qui avaient été considérés comme quantité négligeable pendant quelques années, sont devenus à l'ordre du jour.

Il y en a également trois catégories :

1° **Freins sur pneumatiques;**

2° **Freins sur jantes;**

3° **Freins rubans.**

Routier luxe, n° 2, Net 250 francs

Composition

Transparent Bleu.

Cadre tubes acier sans soudure.
Hauteur 55, 60, 65.
Arrière double tubes contre-coudés.
Manivelles rectangulaires extensibles.
Pédalier à recouvrement.
Pignon luxe A. M. fileté.
Roues égales 70 c/m.
Jantes bois, aluminium ou Weestvood.
Pneus A. Mollière n° 1.
Selle coussins grand luxe.
Sacoche avec trousse garnie.
Guidon toutes formes.
Chaine Rafer double rouleaux extra.
Moyeux bracelets bain d'huile.
Pédales Flys.
Rayons tangents nickelés 2 renf.
Fourche ronde.
Multiplication 5 à 9 mètres.

Poids :

Luxe. . . . . 12 *kilos*
Course . . . . 10 —

Les **Freins sur pneumatiques**, sont nés avec la vélocipédie, ils ne permettent pas un freinage continu sans danger pour le pneumatique ; ce sont des freins instantanés, bons pour les villes.

Les **Freins sur jantes** ont toute la faveur des Touristes, le dernier concours du T.-C.-F. les a mis en vedette et a prouvé que ces freins énergiques et de longue haleine étaient des freins de montagne supérieurs à tout ce qui avait paru jusqu'à ce jour. Ils ont cependant l'inconvénient d'enlever le vernis de la jante, de chauffer quelquefois la jante en acier, au point d'altérer la chambre à air, et d'être dangereux quand un rayon casse,

Les **Freins à rubans** sont les meilleurs à la condition d'être construits dans des proportions suffisantes, ce sont les freins de montagne les plus endurants.

Nous comptons :

LES FREINS SUR PNEUMATIQUES PLACÉS :

Demi-frein à chaînette	4 fr.
Frein à levier et patin caoutchouc	7 50

LES FREINS SUR JANTE

Frein à levier de roue avant . . . . ·	12 »
Righi à crémaillère	20 »
Excelsior à chaînette	22 50
Carloni à vis	22 50
Bowden à câble	25 »

Grand Luxe, n° 1, Net 300 francs

COMPOSITION

CADRE tubes acier étirés sans soudure.
RACCORDS invisibles.
HAUTEUR 56, 61, 66.
ARRIÈRE doubles tubes contre-coudes Whitworth.
MANIVELLES ovales.
PÉDALIER sans clavette.
PIGNON grand luxe fileté.
ROUES égales 70 c/m.
JANTES bois, aluminium ou Weestvood.
PNEUMATIQUES A. MOLLIÈRE n° 1.
SELLE Américaine grand luxe.
SACOCHE trapèze trousse garnie.
GUIDON toutes formes, poignées riches.
CHAINE Rafer extra luxe.
MOYEUX bracelets rectifiés à bain d'huile.
PÉDALES Spinaway.
RAYONS tangents 2 renforts.
FOURCHE ronde.
MULTIPLICATION 5 à 8 mètres.

Transparent Blanc.

Poids : 12 kilos 500.

LES FREINS RUBANS

Frein rationnel . . . .   **16** »

Alpin à crémaillère . . . .   **25** »

Changements de Vitesse

Les changements de vitesse connus sont les mêmes que l'année précédente et se présentent sous l'une des trois formes suivantes :

1° **Par le pédalier ;**

2° **Par le moyeu arrière ;**

3° **Par deux chaînes.**

Par le pédalier aucun modèle n'est satisfaisant.

Par le moyeu arrière, quelques-uns sont parfaits comme construction, mais ne sont que d'un faible rendement.

Par deux chaînes, celle qui travaille le plus rend le réglage impossible.

Nous plaçons le moyeu **Cleveland** à deux vitesses, d'un écart de 25 %, changement en marche.   **85** fr.

Modèles de Dames

Routier Luxe, n° 2, 25o francs
Grand Luxe, n° 1, 3oo francs

SUPPLÉMENT

Garde-boue . . . . .
Couvre chaîne . . . .
Filets . . . .
Frein simple . . . . .

25 francs

Motocyclette

La **Motocyclette** fonctionnant bien et ardemment désirée par bon nombre de Cyclistes exige pour si bonne marche un **débrayage** et un **changement de vitesse.**

Très peu de Motocyclettes en sont pourvues, et celles qui sont munies de l'un ou de l'autre de ces organes spéciaux, peu étudiés jusqu'à ce jour, sont encore loin de la perfection.

Notre **Motocyclette** avec moteur **Star 1 ch. 1/4** monté sur nᵒ 1 spécial, sans débrayage ni changement de vitesse pouvant donner 40 kilomètres à l'heure. . . . . **750** fr.

Garantie

Nos machines sont garanties contre tout vice de construction ou de matières premières et donnent le maximum de résistance et de durée, la première année suffisant pour s'en rendre compte, la garantie est limitée à cette première année.

Entretien

L'entretien à donner aux bicyclettes est très important pour les conserver en parfait état.

La Machine doit être soigneusement essuyée et graissée une fois par semaine, aux deux moyeux et au pédalier, avec l'huile spéciale de machine à coudre et une fois par mois aux pédales et à la direction.

Quand les ressorts de la selle grincent, huiler légèrement les attaches et les croisements des fils.

Modèle d'Enfants

Avec frein et sacoche garnie, pneumatiques
A. Mollière n° 2

1re Taille :

CADRE 40 centimètres. . | **150** francs
ROUES 55   —

2me Taille :

CADRE 45 centimètres. . | **160** francs
ROUES 60   —

3me Taille :

CADRE 50 centimètres. . | **170** francs
ROUES 65   —

La chaîne doit être chaque semaine frottée et enduite de Touring, graisse spéciale à base de vaseline, qui convient admirablement aux parties nickelées, pour les protéger de la rouille.

Quand il a plu sur la bicyclette, la sécher convenablement et passer le chiffon ou la brosse enduite de Touring, sur toutes les parties nickelées, on peut être sûr qu'elles se conserveront intactes.

Les Pneumatiques doivent toujours être gonflés, celui d'arrière plus dûr que celui d'avant, de façon qu'ils ne s'affaissent qu'un peu moins du tiers de leur grosseur quand la machine est montée.

Les enveloppes doivent être vérifiées à chaque nettoyage, et surtout quand elles ont été mouillées, ce qui rend le caoutchouc très pénétrable, on garnit de dissolution après avoir bien nettoyé les entailles qui auraient pu être faites, de cette façon, la toile de l'enveloppe reste isolée de la terre et de l'eau et dure des années.

Pour réparer les chambres à air, il est indispensable de bien nettoyer les parties qui doivent recevoir une mince couche de dissolution, et de les laisser sécher 15 minutes à l'air libre avant de les appliquer l'une contre l'autre.

Tricycle Livreur

Notre modèle robuste et soigneusement étudié peut livrer une charge maxima de 100 kilogrammes, il est muni d'un double frein ruban.

Nous faisons les caissons de forme et de couleurs variées, selon les besoins de chaque commerçant, et nous tenons à leur disposition un de nos tricycles livreurs gratuitement à l'essai.

Tricycle livreur (peinture des lettres non comprises). . . . . . . **400** fr.

Tricycle Livreur, Net 400 francs

Caisson ouvrant dessus ou devant.

Galerie nickelée.

Double frein rubans à levier.

Garde boue arrière.

Pneumatiques triplés A. Mollière.

Location

Notre location est faite avec nos modèles neufs n°1, n° 2, n° 3.

	1/2 jour	1 jour	8 jours	15 jours	1 mois
Bicyclettes d'Enfants.	2 fr.	3 fr.	11 fr.	19 fr.	30 fr.
Bicyclettes et Voiturettes remorques . .	2 50	4 »	15 »	25 »	40 »
Tandems	5 »	8 »	30 »	50 »	80 »

(DIMANCHES EXCEPTÉS)

Occasions

Un certain nombre de machines, provenant d'échanges faits à notre clientèle, sont mises en vente à très bon compte; toutes les pièces défectueuses sont remplacées et ces machines parfaitement restaurées peuvent donner toute satisfaction.

Garde-Boue

Les **Gardes-boue** en bois ou en tôle émaillée sont comptés tout posés **7 50**

Machines à Coudre
Princesse OLGA

(GARANTIE 10 ANS)

N° 3 à main.	**60, 80, 100** fr.
2 bis, à pied	**165**
2 —	**145**
1 —	**99**

La Maison vend également tous les modèles de MACHINES A COUDRE ainsi que les FOURNITURES et ACCESSOIRES.

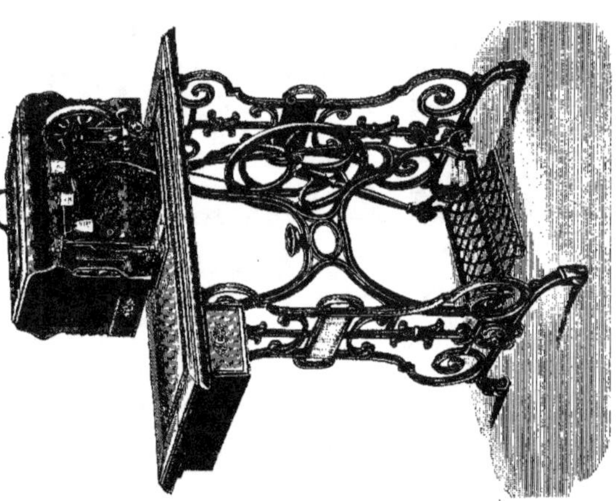

Réparations

La Maison fait toutes les réparations de bicyclettes et machines à coudre et de n'importe quel modèle. Ces réparations sont faites consciencieusement comme travail et comme prix, et dans cette partie délicate comme dans les fournitures de nos divers articles, nous laissons à nos clients le soin d'attester que nous avons bien mérité le titre que nous revendiquons.

------◆------

Maison de Confiance

Imp. BUVELOT, Moutardier. *Gérant.*

CYCLES . . . .

MACHINES A COUDRE

TRICOTEUSES . . . . . .

COFFRES-FORTS . . . .

CALORIFÈRES . . . . . .